Manual för handhavande av

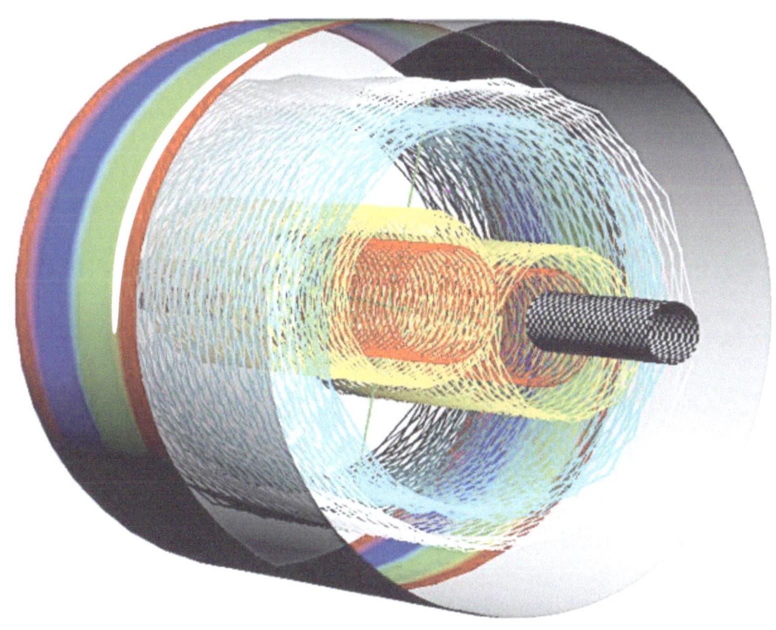

Fusionsmaskin
Solaris II

Den nya konstruktionen bygger på nya nya teorier och insikter. Ersätter ITER, JET, TOKAMAK och Lawrence Livermore National Laboratory's (LLNL) National Ignition Facility (NIF) LASER systemen

Andra upplagan

Åke Hedberg

Ur Innehållet

- Lawrence Livermore National Laboratory
- Tekniken man använder är att komprimera väte med hjälp av superstarka laserstrålar.
- Iter i Cadarache Frankrike
- Förstå neutron-sönderfallet
- Lösa gåtan om fusionsprocesserna på Solen och varför den fortfarande lyser.
- Proton-protonkedjan
- Tyngdkraftens roll på Solen
- (den samlar, ordnar och organiserar men gör inte själva jobbet).
- Hur fusionsprocessen antas fungera
- Manual, principer och grundläggande teori
- Gängse teorier om hur fusion går till.
- Tre olika konstruktioner, tre olika teorier

* * *

Tidigare utgivningar av Åke Hedberg

Vår Levande Värld

Hur, när och varifrån fick DNA-molekylen sin programkod?

Does an electron have a structure?

Förslag till katalytisk Fusions-Reaktor (i stället för ITER, TOKAMAK m.fl.)

Manual, principer och grundläggande teori för

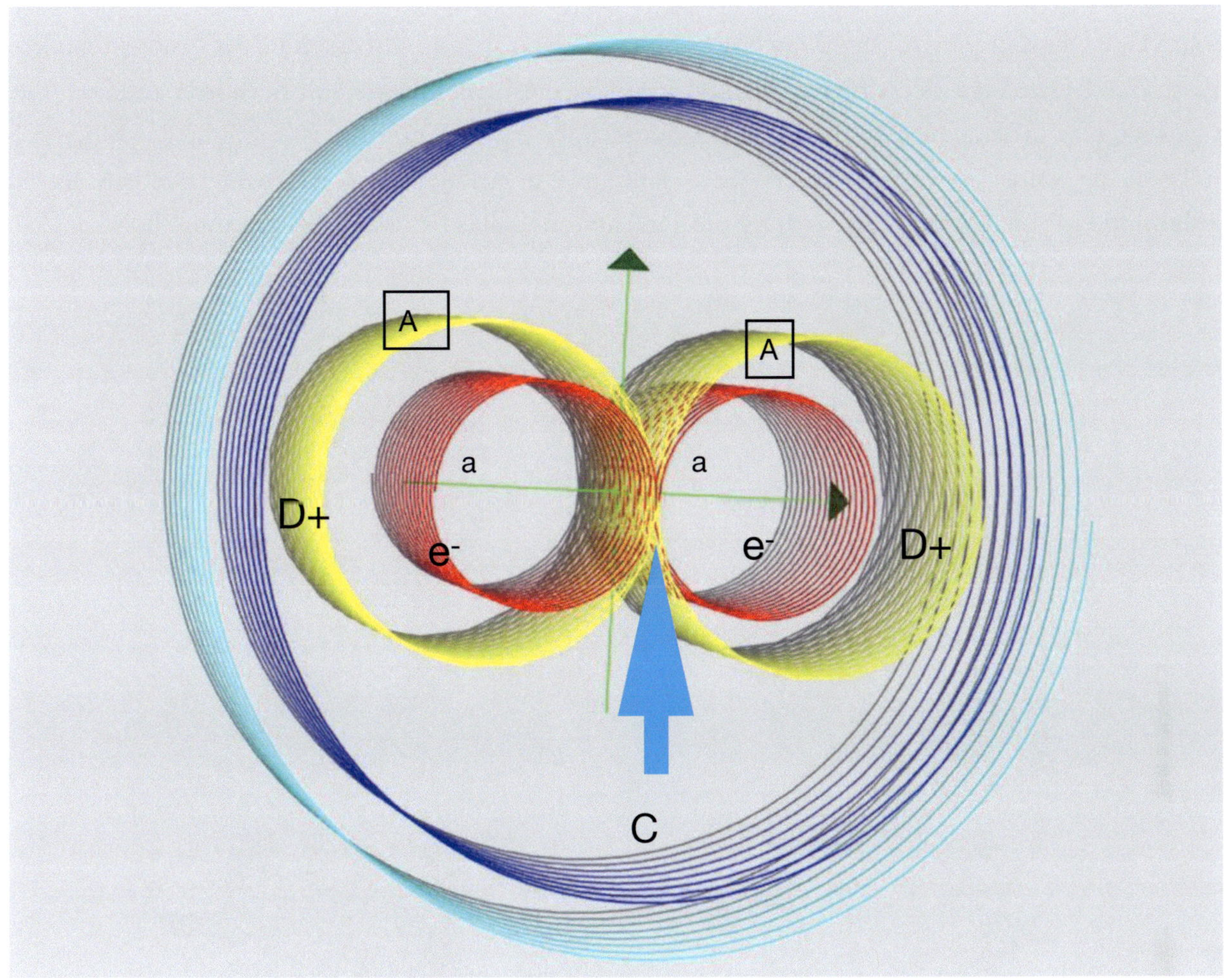

Fusions-maskinen Solaris II

De gula kretsarna i grafiken ovan antas vara deuterium-joner (D+) och de röda elektroner (e^-). Starta kretsarna A medsols och justera in deras avstånd så att de inte korsar varandra; förslagsvis med någon decimeters avstånd. Gör samma med kretsarna a. Låt sedan alla fyra korsa varandra och låt datorerna justera in de lämpligaste såsom avstånd (R och r meter), strömstyrkor och frekvenser. Alltså lämpliga parametrar avseende processens effektivitet, lämpligt tryck och temperatur etc. Var beredd på att det kommer att ta lite tid innan alla parametrar är som de ska och prototypen fungerar tillräckligt bra.

De blå och gröna kretsarna antas vara helium och tritium-joner etc. dvs restprodukter till fusionsprocesserna i C. Det alltså deras termodynamiska rörelser som hettar upp den behållare som antas omsluta hela anläggningen och därmed värma upp vatten lämplig för ångdrift via turbiner eller kolvar.

Datorernas givare antas omfatta temperaturer och tryck, förutom flöden och strömstyrkor. Hela anläggningen kan ses som en sammansättning av ångdrift, eldrift och vanlig kolvmotor. Ty maskineriet antas verka i pulser, dvs. när en viss temperatur och tryck får inneslutningen att expandera via en kolv-försedd anordning, så återgår processen till sitt utgångsläge, dvs enligt hur processen startade enligt beskrivning ovan, men nu genom en process som är helt datorstyrd i fyrtakt. Alltså i expansion, kontraktion, utsläpp och insläpp av nytt bränsle (deuteroner och elektroner). På nästa sida ska nu visas mer i detalj hur hela processen är tänkt att fungera. I grund och botten är det fråga om en katalytisk process, dvs där elektroner har rollen som katalys-ämnen. Den rollen som katalysatorer kan inte spelas av elektroner enligt den gängse fysiken, där dessa är punktpartiklar och protonerna och neutronerna är sammansatta av kvarkar, kallade upp- och ned-kvarkar. Detta synsätt på vår materia och dess beståndsdelar är grundorsaken till att fusions-tekniken fortfarande efter många decennier av fruktlösa försök och trots tillgång till oerhörda resurser inte har lyckats. Där arbetar med ett plasma som måste upphettas till mer än 100 miljoner grader och som beter sig som "ett olydigt barn" (Se citatet av Alfvén nedan) och därtill inte kan ha en inneslutning typ stål, keramik eller betong utan måste innehållas i ett svår-reglerat magnetfät.

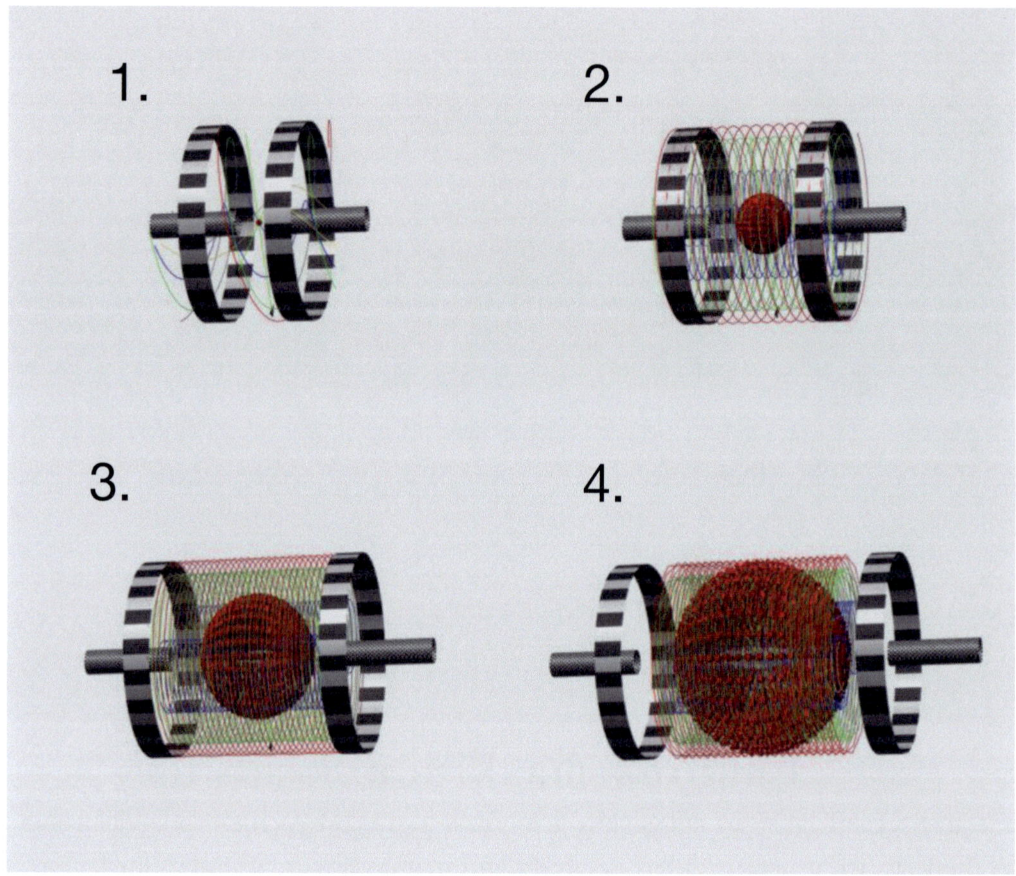

I grafiken ovan ser vi fyra ögonblicksbilder – 4 moment – av den expansiva tändnings-fasen. I ett nästa moment vänder expansionen till en kontraktion-fas, ett moment då den heta gasen blåses ut ur cylinderrummet. Nästa fas blir då när ny gas sugs (sprutas) in och "antändes", dvs. fusioneras. Två deuteroner (D+) slås alltså då ihop till helium-joner (He^{2+}) och mycket energirik gamma-strålning bildas som får reflekteras emot keramiken i cylinder-rummet och därvid hetta upp materialet; som sedan får värma upp vatten till ånga som får driva en el-generator. Under expansion-fasen driver de två motsatta expanderande kolvarna en annan el-generator. Hela maskinen är således en kombination av en ångmaskin, kolvmotor och el-motor.

Allt detta slipper man med denna teknik, temperaturen kan hållas under några tusen grader och därmed finns det keramiskt material eller dylikt (som kan tåla upp till 10.000 grader) som inneslutning. Inte heller behöver man jobba med ett svårkontrollerat plasma. Utan allt kan in i detalj styras och regleras med hjälp av vanliga datorer och deras program.

Ovan visas schematiskt fyra olika steg i processen. Vi ser hur cylinder-rummet expanderar alltefter att värmen stiger och hur kolven förflyttas utåt, ungefär vad som sker i en vanlig ångmaskin. Vi kan sedan anta att hela maskineriet kyles med hjälp av vatten, som får kokas till ånga som sedan kan driva en generator som alstrar elektricitet. Samma med den kolv-drivna, rent maniska delen, den kan sedan också få driva en el-generator. Hela maskinen är således en kombination av en ångmaskin, kolvmotor och el-motor.

Gängse teorier om hur fusion går till.

Nu ska vi studera fusions-processen närmare, men för att få ett perspektiv låt oss först överblicka den gängse teorin. Här nedan ett utdrag från en gängse beskrivning ur en känd tidskrift:

> Fusionsenergi är den energi som driver solen och universums alla andra stjärnor. I centrum av dessa gigantiska himlakroppar, under extremt tryck och hög temperatur slås lätta atomkärnor ihop till tyngre och enorma mängder energi frigörs. Det är det som kallas fusion. Fusion (sammanslagning) är motsatsen till fission (delning) som används i dagens kärnkraftvärk där tunga grundämnen klyvs till lättare samtidigt som det bilas radioaktiv strålning. Fördelarna med fusionskraft är att det kan generera enorma mängder energi och bränslet som driver reaktionen finns i nästintill outtömliga mängder här på jorden samt att inget, eller mycket kortlivat radioaktivt avfall bildas.
>
> **Lawrence Livermore National Laboratory**
>
> I Livermore i Kalifornien i USA räknar man med att fusionsanläggningen Lawrence Livermore National Laboratory senast 2012 ska kunna producera mer energi än den förbrukar enligt Edward Moses, en av ledarna för arbetet med fusion på Lawrence Livermore National Laboratory. Man räknar med att en större försöksanläggning kan vara klar 2020-2025, och en kommersiell anläggning kan stå klar år 2030.
>
> **Tekniken man använder är att komprimera väte med hjälp av superstarka laserstrålar.**
>
> Genombrottet kom 2009 när man med lyckat resultat testade de 192 enorma laserkanonerna i den nya anläggningen National Ignition Facility (NIF) och insåg att man hade lyckats bygga lasrar som var tillräckligt kraftiga och hade tillräckligt hög kvalitet, säger Bruno van Wonterghem, forskare och ansvarig för lasertesterna vid NIF. Lasrarna används för att fixera materialet så att det först blir minus 200 grader Celsius, och sedan komprimera det så att värmen stiger till 100 miljoner grader. Det är den temperaturen som behövs för att skapa fusionskraft. I det här fallet bildar väteisotoperna deuterium och tritium grundämnet helium genom att laserstrålarna projiceras mot en 1 centimeter stor bränslebehållare som är gjord av guld. När den under miljarddelen av en sekund bestrålas med denna stora mängd energi, börjar den i sin tur utstråla enorma mängder röntgenstrålar. All energi fokuseras mot kapselns centrum som innehåller en millimeterstor droppe av väteisotoperna deuterium och tritium. Röntgenstrålarna pressar väteisotoperna med en enorm hastighet mot kapselns mitt och de blir varmare och varmare och når till slut temperaturen 100 miljoner grader och atomkärnorna börjar smälta samman med varandra och helium bildas. I processen försvinner en del av bränslets massa och det är då som den stora mängden energi skapas.

Fusionsreaktorer ger inget farligt långlivat avfall som vanlig kärnkraft, och släpper heller inte ut växthusgaser som eldning med fossila bränslen. Dessutom finns det nästan obegränsat med bränsle.

Ett framtida kraftverk kommer att spränga 10-15 stycken millimeterstora bränsledroppar per sekund. Det räcker för att producera 1 gigawatt el, ungefär lika mycket som en normalstor svensk kärnreaktor. En uppskattning är att en anläggning på 1 gigawatt kommer att kosta ca 27 miljarder kronor. Ett kärnkraftverk av samma storlek kostar runt 80 miljarder kronor.

Iter i Cadarache

Även i Europa, i Cadarache i södra Frankrike håller ett stort antal länder, inklusive Sverige, på att bygga en gigantisk fusionsanläggning som kallas för Iter. Där ska fysiker åstadkomma fusion i en magnetisk kammare som kallas tokamak. Iter ska stå klart 2019. Omkring år 2026 ska fysikerna kunna få ut mer energi än de stoppar in i denna anläggning.

Även Iter ska använda väteisotoperna deuterium och tritium. Deuterium finns i vanligt havsvatten, och tritium skapas av tritium inne i reaktorn. Även om hela världens energiproduktion drivs av fusionskraft kommer havens deuterium att räcka i miljontals år och det finns litium för minst tusen år, enligt forskarna.

Det enda problemet är att det blir neutroner över när deuterium och tritium smälter ihop i fusionsreaktorn. Neutronerna ska användas till att skapa nytt tritium, men en del av dem kommer också att fastna i reaktorns väggar. Där kan de försämra hållfastheten och skapa kortlivade radioaktiva ämnen.

Reaktorn måste därför vara byggd av tåligt material och ha ett tjockt skyddshölje. En alternativ lösning är att använda en form av helium, helium-3, i stället för tritium. Då bildas inga neutroner, och fusionsreaktorn behöver inte vara lika stor.

På jorden är det ont om helium-3, men på månen finns det mer. Olika forskare har kommit med mer eller mindre seriösa förslag om att hämta hem månsten med rymdfärjor.

Reaktorn Iter kommer att vara 24 meter hög och 30 meter bred, och se ut som en stor ring. En sådan reaktor kallas för en tokamak, som är en rysk förkortning för ringformig magnetisk kammare.

Inuti ringen hettas deuterium och tritium upp till hundra miljoner grader och blir plasma. Det betyder att atomernas elektroner och kärnor inte längre håller ihop. För att inte ringens väggar ska smälta av den höga temperaturen svävar plasmat fritt med hjälp av ett starkt magnetfält. I plasmat krockar deuterium- och tritiumkärnor och slås ihop till helium.

(Ur *Aktuellt om Vetenskap och teknik*).

Ovan nämns att man försöker efterlikna processerna på solen.

”Fusionsenergi är den energi som driver solen och universums alla andra stjärnor. I centrum av dessa gigantiska himlakroppar under extremt tryck och hög temperatur slås lätta atomkärnor ihop till tyngre och enorma mängder energi frigörs. Det är det som kallas fusion.”

Då måste jag säga:

Naturen och samhället är våra främsta källor till kunskap. I naturen finner vi därför alla de processer och mekanismer vi kan utnyttja för våra behov. Detta gäller inte minst processerna på Solen om vi vill ”tämja” dess fusionsenergi.

”Generellt sett kan proton-protonfusion endast ske om temperaturen (den kinetiska energin) hos protonerna är hög nog för att övervinna deras ömsesidiga krafter skapade av Coulombs lag. Teorin att proton-protonreaktioner var grundprincipen bakom solens och andra stjärnors förbränning togs fram av Arthur Stanley Eddington på 1920-talet.” (Wikipedia).

De som fortfarande efter snart 100 år av forskning påstår att teorin om ”proton-protonreaktioner (är) grundprincipen bakom solens och andra stjärnors förbränning” har inte tänkt sig för och studerat saken ordentligt. Solens grundläggande aktivitet är inte förbränning av protoner till helium och andra tyngre grundämnen, som den gängse läran säger. Grundprincipen är i stället produktion av neutroner (och energi). Solens metod att lösa problemet med coulombbarriären är sedan avgörande för varje försök att konstruera en fusionsmaskin. Övervinnandet av coulombarriären, eller en metod att överhuvudtaget få den att upphöra som hinder, sker inte som man tror genom våld utan via en mycket finurlig process. Den nuvarande felaktiga teorin och synen på detta är den huvudsakliga orsaken till alla hittillsvarande misslyckanden att lösa energifrågan. Vill du verkligen veta lösningen på energifrågan genom principen att så att säga tämja den så kallade fusionsenergi som solen och de andra stjärnorna utvecklar? Då bör du betänka följande saker:

a. För det första, glöm allt du ev. vet eller lärt om kvarkar. Glöm alltså u-kvarkar, d-kvarkar, sär-kvarkar, anti-kvarkar etc. nyskapelser som inte logiskt kunnat härledas ur andra företeelser.

b. Återgå inte till tanken och den gamla bilden av hur en elektron, en proton eller neutron fungerar, alltså som små obegripliga punktformade kulor. Lika obegripliga och punktformade som kvarkarna, en ”uppfinning” som inte tillfört något nytt av förståelse, bara lagt till nya problem som ”klisterpartiklar” (gluoner) etc. Inse att du inte har en fungerande bild av dessa partiklars struktur. Det saknas teori.

c. Ta istället detta till dig: Allt handlar om de väl kända och väl utforskade fotonerna och neutrinerna och deras antipartiklar. Elektronen är en kombination av en neutrino och en foton, protonen en kombination av två neutriner och en anti-neutrino, neutronen av en proton och en foton och en antifoton. Allt detta ger en helt ny in i varje detalj begriplig struktur, teori och modell av atomen, dess kärna, skal och sätt att fungera. När allt detta är klart är du kanske mogen att:

I. Förstå neutron-sönderfallet

II. Lösa gåtan om fusionsprocesserna på Solen och varför den fortfarande lyser.

III. Lära dig konsten att att bygga en fungerande fusionsmaskin genom att tillämpa och kontrollera dessa naturens fusionskrafter här på Jorden och därmed lösa energifrågan.

ATT SÄTTA SIG IN I DENNA NYA SYN PÅ HUR NATUREN EGENTLIGEN FUNGERAR KRÄVER ALLTSÅ ETT VISST MÅTT AV ANSTRÄNGNING, TRO INTE ANNAT. MEN HJÄLP FINNS. LÄS GÄRNA NÅGRA AV SKRIFTERNA SOM FINNS I LITTERATURFÖRTECKNINGEN PÅ SIDAN 4.

Med detta ifrågasättandet av grundläggande teoribildning och synsätt är vi nu inte ensamma. Vi har naturforskare av världsklass på vår sida, sådana som Albert Einstein, Karl Popper och Hannes Alfvén.

> All these fifty years of conscious brooding have brought me no nearer to the answer to the question, 'What are light quanta?' Nowadays every Tom, Dick and Harry thinks he knows it, but he is mistaken.
> (**Albert Einstein,** in a letter to his old friend M A Besso, 1954)

> ”Einstein /.../, believed that there must be a further, deeper level in physics, a level beyond quantum mechanics.”
> (**Karl Popper,** Quantum Theory And The Schism In Physics).

> “Since thermonucluar research started with Zeta, Tokamaks, Stellators – not to forget the Perhapsa-tron – plasma theories have absorbed a large part of the energies of the best physicists of our time. The progress which has been achieved is much less than was originally expected. The reason may be that from the point of view of the traditional theoretical physicist, a plasma looks immensely complicated. We may express this by saying that when, by an immense number of vectors and tensors and integral equations, theoreticians have prescribed what a plasma **mus**t do, the plasma – like a naughty child – refues to obey. The reason is either that the plasma is so silly that it does not understand the sophisticated mathematics, or it is that the plasma is so clever that it finds other ways of behaving, ways which the theoreticians were not clever enough to anticipate. Perhaps the noise generation is one of the nasty tricks the plasma uses in its IQ competition with the theoretical physicists”. /.../ What is urgently needed is not a refined mathematical treatment (...) but a rough analysis of the basic phenomena. (**Hannes Alfvén.** Opening lecture at the *“Double Layers and circuits in astrophysics”,* Marshall Space Flight Center, Huntsville, Alabama, March 17-19, 1986. TRITA-EPP -86-04. Department of Plasma Physics, The Royal Institute of Technology, Stockholm Sweden.)

Fusionsforskningen går tillbaka till 20- och 30-talen då man tänkte sig att tämja den energi som får solen att brinna och lysa. Med den nya fysiken och kvantmekaniken trodde man sig då helt förstå de processer som förekommer på och i solen. I början 1950-talet satte man igång. Och håller fortfarande på. Och inget fungerande fusionskraftverk finns i sikte de närmaste decennierna, inte ens det ytterst dyrbara ITER-projektet. Sanningen är att man inte vet hur man ska göra för att skapa de tekniska nödvändiga villkoren för en framgångsrik fusion. Man vill inte, kan inte törs inte se sanningen i vitögat att det är själva teorin det är fel på. Detta har Hannes Alfvén – nobelpristagare i plasmafysik och expert på både fusionsteknik och teori – påpekat redan på 1980-talet.

ITER går alltså ut på att ”tämja solkraften” (eller vätebomben) genom en *kontrollerad* fusion (ej plötslig och explosionsartad) av bland annat väteisotoperna deuterium, tritium eller isotoper av helium. Enkelt sagt är det en fråga om motsatsen till fissionen, klyvningen av vissa tunga atomer som uran, thorium, plutonium etc. och på så sätt frigöra energi. Här gäller det att istället slå samman vissa lätta isotoper av väte, helium, litium etc.

Projektet som sådant är mycket vällovligt; att försöka tämja solenergin är i högsta grad nödvändigt och tiden håller på att rinna ut. Ty i denna fusionsprocess blir det inget radioaktivt avfall i större grad, endast i ringa mängd och lätt att hantera sedan. Ingen som helst risk för härdsmältor eller dylikt och råvaran är i princip endast vanligt kranvatten (gäller det sammanslagning av helium-isotoper finns mycket att hämta på Månen).

Problemet är dock att de ämnar tillämpa i princip samma gamla hopplösa TOKAMAK-teknik som redan provats i snart sextio (60) år! En teknik som trots långvariga och ihärdiga experiment och försök har misslyckats. Det fungerar helt enkelt inte. Bevisligen. Och varför inte? Jo, som vi kanske nu förstår är det brist på insikt om vad som egentligen händer på solen och överhuvudtaget om materiens och verklighetens natur. Man har ändå tänkt sig gå på i de gamla ullstrumporna! Absolut inga nya idéer här, inga nya skapande teorier eller tankar. Medvetenheten om denna brist på fungerande teorier har funnits länge. Till exempel hos en av Europas erkänt främste plasmafysiker *Hannes Alfvén* på sin tid och som redan för några decennier sedan varnade för denna brist.

Han har skrivit om mycket om detta. Han var med i experiment liknande TOKAMAK-tekniken redan strax efter kriget i dåvarande Sovjet. Och det plasma han och andra forskare med samma teknik eller varianter av den sedan arbetade med på bl.a. KTH i Stockholm var för kaotiskt och oberäkneligt; det betedde sig (som vi har sett) "likt ett olydigt barn – det vägrade att lyda". Han drog slutsatsen att vad som behövdes var en "hårdhänt analys av de grundläggande fenomenen"/../"inte en förfinad matematisk behandling". Som professor och nobelpristagare i fysik 1970 visste han.

Därför motsatte sig Alfvén den konventionella kärnkraften – fissionskraften – så starkt (blev statsminister Fälldins vetenskaplige rådgivare i kärnkraftsdebatten på 1970-80 talen). Man borde anstränga sig att lösa de grundläggande teoretiska och filosofiska frågorna först, menade han. Den konventionella kärnkraften som en slags *nödlösning* i väntan på en riktig fungerande fusionsteknik, ville han inte godta. Nu är han död sedan länge, men hans insikt om avsaknaden av en vettig teoribildning för dessa fusionsprocesser gäller i än högre grad idag. Eftersom problemet bevisligen fortfarande och skandalöst nog är olöst. Men fortfarande är det "urgently needed" med en "rough analysis of the basic phenomena". Skandalen ligger i detta. Fysikerna kan bevisligen efter cirka sextio år inte påstå att det som krävs är "ytterligare forskning och experiment". Allt är bokstavligen redan prövat, som Alfvén kunde vittna om så tidigt som på 1980-talet. Många gånger om alltsedan 1940-talet då experimenten påbörjades i Sovjet. Vad som alltså behövs är en helt ny teoribildning, en ny syn på vår natur och verklighet och därmed en helt ny teknik byggd på helt nya principer än den konstruktion som den "*Perhapsatron*"som nu byggs i Frankrike har. Tragiskt nog så kommer således detta dyra utsiktslösa bygge att *hindra* den praktiska lösningen av energifrågan, medan tid pengar och energi till ingen som helst nytta rinner ut. Och "the best physicists of our time" förslösar sin tid.

*

Jag är alltså inte den ende eller förste som påpekar bristen på teori. Det har tagit mig många år, men nu tror jag mig veta hur det ska gå till. Hoppas med detta kompendium kunna beskriva hur det hela kan gå till för att få tillstånd en kontrollerad och ur energisynpunkt lönsam process. Men först en beskrivning från KTH och Wikipedia av vad det handlar om:

Fusionsenergi är energi som frigörs vid sammanslagning av lätta atomer. Energipro-duktionen i solen och andra huvudserie-stjärnor bygger på fusion. Fusionskraftverk är en hypotetisk framtida form av kärnkraftverk, som skulle använda fusionsenergi. Fördelen med fusionskraftverk framom traditionella kärnkraftverk vore att processen inte behöver lämna efter sig lika starkt radioaktiva ämnen som vid fission. Problemet med fusion är att extremt höga temperaturer måste kunna kontrolleras, vilket inte lyckas med dagens teknik. Istället för att klyva tunga kärnor (fission) kan energi frigöras genom fusion (sammanslagning) av lätta atomkärnor med processer som är besläktade med energiproduktionen i solen och andra huvud-seriestjärnor. Inga sådana kraftverk finns ännu i kommersiell drift men det pågår forsknings- och utvecklingsarbete eftersom de potentiella fördelarna är mycket stora. Mest har man intresserat sig för följande reaktion:

$$D + T \rightarrow {}^{4}He + n + 5.2 \times 10^{-13} J$$

eller

$$^{2}H + ^{3}H \rightarrow ^{4}H + 3,5 \text{ MeV} + n + 14,1 \text{MeV}$$

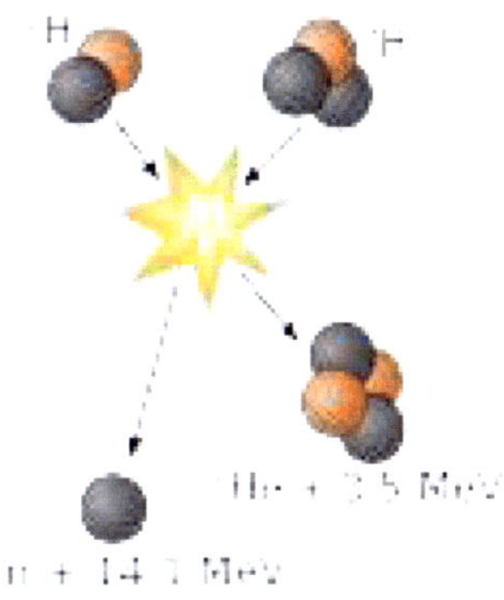

Större delen av den frigjorda energin utgörs av kinetisk energi hos en neutron som frigörs. Ett sätt att åstadkomma den här fusionen av deuterium (D) och tritium (T) är att upphetta atomerna till extremt hög temperatur (över 100 miljoner grader) och högt tryck (8 atm). Eftersom inga material tål sådana temperaturer försöker man stänga inne den upphettade plasman i ett magnetfält inuti ett torusformad tank, en så kallad tokamak. Än så länge klarar man bara detta under mycket kort tid. Neutronerna är opåverkade av magnetfältet och träffar tankens väggar som är täckt av en filt som tar upp energin och där värmen förs bort med lämpligt kylmedium, till exempel vattenånga eller en gas som helium.

En annan metod är att bombardera ett vätepreparat med högenergi-laser från alla håll till extrem kompression, varvid det med tillförande av en ytterligare laserpuls går att tända processen.

Hittills har det också krävts tillförsel av mer energi för att köra processen än vad man kunnat utvinna ur den. Ett kommersiellt utnyttjande av fusionskraften ligger i bästa fall troligen mellan 30 och 50 år in i framtiden.

Risken för katastrofala olyckor liknande exempelvis Tjernobylolyckan eller den i Japan är obefintlig eftersom mängden bränsle i reaktorn är väldigt liten jämfört med ett konventionellt kärnkraftverk. Man räknar med att ingen som befinner sig utanför en fusionsanläggning kan behöva bli utsatt för strålning utan strålningsskyddet behövs enbart för dem som arbetar på verket. D-T-reaktionen ger inte upphov till radioaktivt avfall men material i reaktorkonstruktionen kan bli radioaktivt. Med lämpligt val av konstruktionsmaterial blir det radioaktiva avfallet förhållandevis kortlivat (upp till cirka 100 år).

För att göra en **första sammanfattning:**

”Problemet med fusion är att extremt höga temperaturer måste kunna kontrolleras, vilket inte lyckas med dagens teknik.” Nej, och kommer rimligen inte heller någonsin att lyckas. Nej, TOKAMAK-tekniken är dödsdömd. Grundorsaken är alltså (citat från tidigare):

> Sanningen är att man inte vet hur man ska göra för att skapa de nödvändiga villkoren för en framgångsrik fusion. Man vill inte, kan inte törs inte se sanningen i vitögat att det är *själva teorin det är fel på.* Detta har Hannes Alfvén – nobelpristagare i plasmafysik och expert på fusionsteknik – påpekat redan på 1980-talet.

Ett indirekt erkännande av dessa sakernas tillstånd är att ”Ett kommersiellt utnyttjande av fusionskraften ligger i bästa fall troligen mellan 30 och 50 år in i framtiden.”

I bästa fall 30 år men troligen 50! Vad behövs alltså? Jo, som Alfvén menade, krävs en ny teori som tillåter en betydligt lägre arbetstemperatur än de100 miljoner grader man nu förutsätter vara det rätta. Eller rättare sagt: En *korrekt* teori om hur fusionen egentligen går till i naturen och på Solen. Ty, det man nu laborerar med kan inte vara riktig eftersom inget tycks fungera enligt den, dessutom är det något fel med den teori som man utgår ifrån ska gälla på Solen. Hittar vi denna nya teori kan vi lämna tekniken med de magnetiska inneslutningarna av typ TOKAMAK bakom oss och de 100 miljonerna av grader.

Det finns alltså något som inte stämmer med den gängse teorin om de mekanismer som alstrar solens energi. Solen utstrålar nämligen bara en tredjedel så mycket solneutriner som den borde enligt den gängse solteorin. Lösningar på sol-neutrino-problemet brukar klassificeras i en av två kategorier, astrofysikaliska eller fysisk. Lösningar som kräver en förändring i hur vi ser på solen kallas astrofysikaliska lösningar samtidigt lösningar som kräver en förändring i hur vi tänker neutriner kallas fysiska lösningar. Min lösning är alltså att det är fel på själva teorin för vad som egentligen händer på Solen.

Den grundläggande tanken i denna (gamla) teori är att två protoner direkt fusioneras till deuterium (se om proton-protonkedjan nedan) varvid stora mängder energi bildas. Detta i ett första steg. Min idé är att *neutroner* bildas i ett första steg vilka *sedan* tillsammans med protoner fusioneras till deuterium (egentligen deuteron). Först i nästa steg bildas helium.

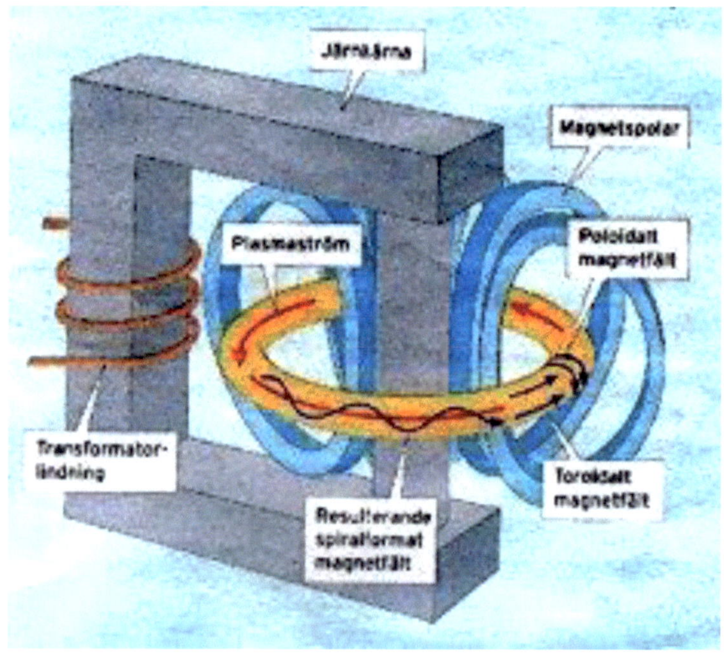

Proton-protonkedjan (Ur Wikipedia)

Proton-protonkedjan är en av flera fusionsreaktioner genom vilka stjärnor omvandlar väte till helium, det främsta alternativet är CNO-cykeln. Proton-protonkedjan dominerar i stjärnor av solens storlek eller mindre.

För att övervinna den elektrostatiska repulsionen mellan två vätekärnor krävs en stor mängd energi och denna reaktion tar i genomsnitt 10^9 år för den att slutföras vid temperaturen i solens kärna. På grund av den långsamma reaktionen skiner fortfarande solen; hade den varit snabb skulle solen ha förbrukat sitt väte för länge sedan.

Generellt sett kan proton-protonfusion endast ske om temperaturen (den kinetiska energin) hos protonerna är hög nog för att övervinna deras ömsesidiga krafter skapade av Coulombs lag. Teorin att proton-protonreaktioner var grundprincipen bakom solens och andra stjärnors förbränning togs fram av Arthur Stanley Eddington på 1920-talet. Vid den tiden ansågs dock temperaturen hos solen vara för låg för att övervinna Coulombbarriären. Utvecklingen av kvantmekaniken öppnade emellertid snart för teorin, då det upptäcktes att tunneleffekter kunde tillåta fusion vid lägre temperaturer än vad som förutspåtts av den klassiska fysiken.

Proton-protonreaktionen

Första steget innebär fusion av två vätekärnor 1H (p^+ = proton) till deuterium (D), vilket frigör en positron och en neutrino eftersom en proton blir en neutron.[1]

$$p^+ + p^+ \rightarrow {}^2D + e^+ + \nu_e + 0{,}42 \text{ MeV}$$

Detta första steg är extremt långsamt, både eftersom protonerna måste tunnla genom Coulombbarriären och eftersom det beror på svag växelverkan. Positronen annihileras omedelbart med en elektron och deras massenergi förs iväg av två gamma-fotoner.

$$e- + e+ \rightarrow 2\,\gamma + 1{,}02 \text{ MeV}$$

Efter detta kan deuteriumet som skapades i första steget fusionera med en till vätekärna och bilda en lätt isotop av helium, ^3He.

$$^2D + {}^1H \rightarrow {}^3He + \gamma + 5{,}49 \text{ MeV}$$

[1] Där p^+ är en positivt laddad proton, e^- är en negativ elektron, *n* en neutral neutron och ν_e (grekiska ny) en elektron-neutrino, också elektriskt neutral.

Från denna punkt finns det tre möjliga vägar att bilda helium-isotopen ^{4}He. Men detta kan vi strunta i för närvarande, bara nämna en reaktion till:

Pep-reaktionen Deuterium kan också bildas av den ovanliga pep-reaktionen (proton-elektron-proton).

$$p^+ + e^- + p^+ \rightarrow {}^2D + v_e$$

(där p^+ är en positivt laddad proton, e^- är en negativ elektron, D deuterium, v_e (grekiska ny) en elektron-neutrino, också elektriskt neutral).

I solen sker pp-reaktionen ungefär 400 gånger oftare än pep-reaktionen. Men neutrinerna som skapas av pep-reaktionen är mer energirika. Medan de som skapas i första steget av pp-reaktionen har en energi upp till 0,42 MeV ger pep-reaktionen en skarp energilinje vid 1,44 MeV.

Pep- och pp-reaktionerna kan ses som två olika Feynman-representationer av den samma grundläggande reaktionen, där elektronen passerar till den högra sidan om reaktionen som en antielektron.” (Slut på citat från Wikipedia).

Innan vi nu går in på min idé ska vi titta närmare på beta-sönderfallet, närmare bestämt *neutronsönderfallet i två steg* (Se föregåenden sida); en process som fortfarande vållat och vållar fysikerna mycken huvudbry. Förståelsen för denna process är avgörande för att kunna förstå varför solen (fortfarande) brinner och lyser. Vilket i sin tur är grundläggande för att finna lösningen på fusionsproblemet här på Jorden.

De olikfärgade cirklarna symboliserar således fotoner (blå) och neutriner (röd) plus deras antiformer (gul respektive grön). Hela den bakomliggande teorin för detta finns att studera i mitt kompendium Del I. Kvarkarna är här ersatta med de väl kända neutrinerna och anti-neutrinerna, kan man säga. Denna teori har alltså fullt stöd i faktiska processer som här neutronsönderfallet, men också tusen sinom tusen experiment och observationer.

*

Min grundidé om vad som egentligen händer på Solen och varför den brinner och lyser som den gör är som sagt att *neutroner* bildas i ett första steg. Sedan fusionerar denna neutron med en proton. Då har vi *deuterium* (D) vilket betyder att resten är lätt; nu står vägen öppen för Solen att alstra den energi vi känner till och som får den att lysa! Så i stället för de reaktioner som är beskrivet ovan och som vi nu benämner reaktionerna (1) och (2):

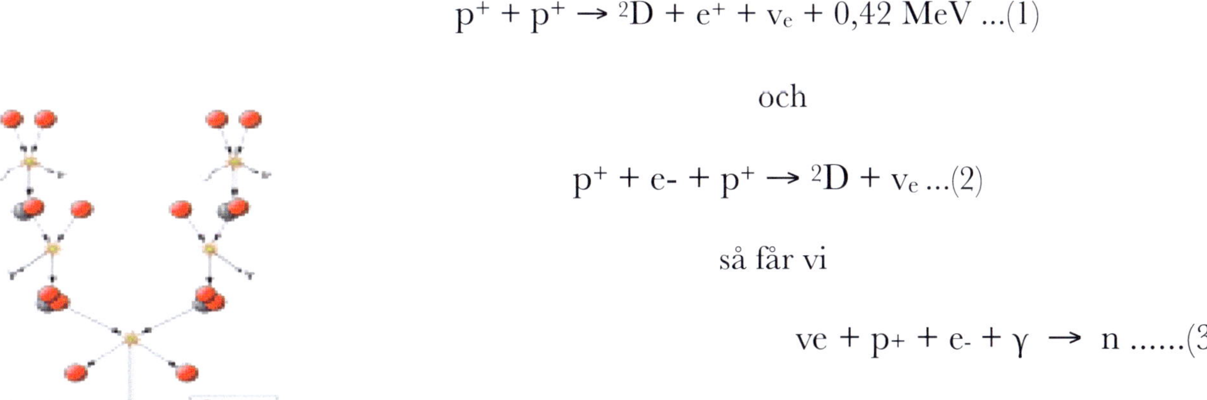

$$p^+ + p^+ \rightarrow {}^2D + e^+ + v_e + 0{,}42 \text{ MeV} \ldots(1)$$

och

$$p^+ + e^- + p^+ \rightarrow {}^2D + v_e \ldots(2)$$

så får vi

$$ve + p_+ + e_- + \gamma \rightarrow n \ldots\ldots(3)$$

Reaktion (1) är enligt min mening helt obevisad. Det är ett antagande som gjordes på 1920-talet – en typisk första-bästa-tanke – i brist på annat. Den korrigeras med hjälp av en vag teori om att en så kallad *tunnling* hjälpte till att få tillstånd den önskade reaktionen deuterium plus fusionsenergi. Samma kan sägas om reaktion (2). I båda fallen också neutriner, men varifrån de kommit – därom veta vi icke!

I min reaktion (3) uppfylls alla krav på fundamental fysik och logik. Baryon-, lepton- och laddningstalet stämmer. Energin som bildas när en neutron och en proton förenas är skillnaden i massa gånger ljushastigheten i kvadrat (=1,29 MeV).

Vad som händer är således att elektronen (e^-) med dess ena komponent – en gamma-foton – bildar tillsammans med gamma-fotonen som tillförs i reaktionen en W^-–boson (negativt laddad intermediär vektor-boson) som släcker och neutraliserar laddningen hos protonen (p^+).

Om alltså (3) är en nettoreaktion, så ser detaljerna ut på detta sätt om vi antar att steg 1 är:

$$ve + e- + \gamma = W- \;. ... (4)$$

En inkommande antineutrino (ve) tar hand om *elektronens neutrino* och bildar en negativt laddad W-. Bosonen med laddning -1 neutraliserar protonens laddning +1 enligt (5).

$$p^+ + W^- = n \;...(5)$$

Summa summarum så får vi alltså (3). Vi ser att denna på sätt och vis är det *omvända* neutron-sönderfallet! (Neutronen sönderfaller i en boson och en proton, där bosonen sedan delas i en gamma-foton och en elektron så att en neutrino bildas). Processen existerar bevisligen, är känd sedan länge och kallas *elektron-infångning* som alltså kan betraktas som *inversen* till neutron-sönderfallet.[2] Solen "äter" således neutriner vilket förklarar det s k neutrinoproblemet!

Ingen proton *omvandlas* alltså till en neutron. En neutron byggs upp, bildas *tack vare* att bosonen *släcker* de elektrostatiska motståndet från protonen som *tar upp* två motsatt spinnande fotoner – en från elektronen och en från en gamma-foton – och bildar en neutron. Coulomb-barriären upphör att existera. Detta kan ses som den eftersökta katalytiska effekten.

I vårt fall så gäller att elektronen indirekt här spelar rollen av katalysator och neutraliserar och släcker protonens positiva laddning när väl den negativt laddade W^-– bosonen blivit verksam och bundits till protonen innan den hunnit sönderfalla. Inget våld här alltså, utan en process som inträffar då alla betingelser är för handen. Fotonen – gamma-partikeln (γ) – förenar sig med den *ena* av elektronens *två* komponenter – en annan foton – där sedan de båda kopplar till protonen och bildar en neutron. Samtidigt frigörs den neutrino som utgjort en av de två komponenterna som bildat en elektron. Vi observerar alltså att det inte är *hela* elektronen som nollställer protonen, utan endast dess ena komponent som ingår i en s k W^- – boson (Se grafik ovan!)! Den andra komponenten, en neutrino, frigörs alltså i denna process, som vi har sett tidigare.

I det gängse synsättet, pep-reaktionen enligt formel (2), som alltså kräver ett oerhört gravitationstryck och en temperatur på mer än 100 miljoner grader så antas alltså att vi ett första steg får deuterium (^2D). Deuterium har alltså precis som protonen en positiv laddning. Frågan om varifrån dess neutrino kommer är dunkelt. Det är i detaljerna som sanningen finns här. Man kan inte undgå känslan av att de helt enkelt inte fått ihop det, utan bara hittat på! Här finns nog också lösningen på den gamla gåtan om att teori och observationer inte stämmer med antal observerade neutriner från solen.

---

[2] Electron capture also exists as a viable decay mode for radioactive isotopes with sufficient energy to decay by positron emission, where it competes with positron emission. It is sometimes called **inverse beta decay**, though this term can also refer to the capture of a neutrino through a similar process. (Wikipedia).

Tyngdkraftens roll på Solen i vår syn på det hela är alltså att den samlar, ordnar och organiserar men gör inte själva jobbet. De oerhört mäktiga krafterna och höga temperaturen i Solens centrum har inte till syfte att utöva tvång och våld. Uppgiften är inte att trycka ihop vätejoner och övervinna coulomb-barriären, utan skapa de nödvändiga betingelserna för att få en fusionsreaktion till stånd.

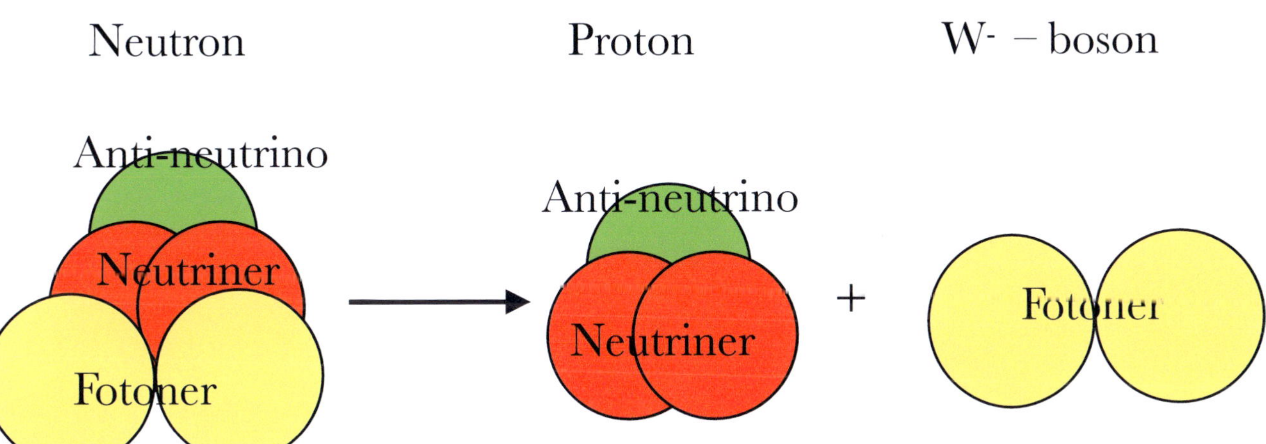

En neutron är alltså sammansatt av två neutriner och en anti-neutrino. Till dessa en W- – boson, sammansatt av två fotoner. I ett **första steg** upplöses eller sönderfaller neutronen i en proton och en vektor-boson, W- – boson. (Detta upptäcktes på 1970-80 talen.) I ett **andra steg** delas en foton – en neutrino frigörs (röd här) som kopplas till en av fotonerna och bildar en elektron. En anti-neutrino (grön) frigörs i processen.

Steg 2

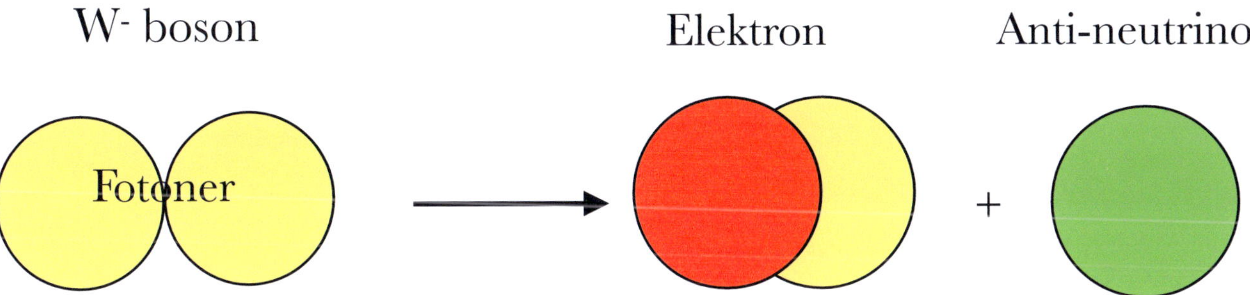

I den gängse atommodellen är elektronen i stort sett en kompakt liten kula som susar runt atomkärnan. Denna mekaniska "kula" finns endast som en statistisk möjlighet i ett "moln".
I denna modell har elektronen alltså två komponenter. På solen gäller att foton-komponenten kopplar till en annan inkommande foton (se reaktionsformeln!) och fogas till protonen varvid vi får en ny partikel: en neutron. Neutrinon (röd cirkel) frigörs. En foton kan ses som sammansatt av en neutrino och en anti-neutrino.
Processen för hur de bildas ur en foton har ett särskilt nam i gängse fysik: parbildning

I solens centrum är det inte ett virrvarr av protoner och elektroner utan de cirkulerar mycket välorganiserat i olika banor med hög hastighet och energi. Förr eller senare korsas deras banor så att väte och elektroner plus fotoner kan fusioneras till neutroner enligt formel (3). Det är dessa banor med lämpliga energier och intensitet det är meningen att medvetet efterlikna här på Jorden i särskilda anläggningar.

Det är alltså denna "coulomb-barriär" i formlerna (1) och (2) som måste övervinnas både på solen och i en fusionsprocess här på Jorden är grundtanken sedan 1920-talet. På solen görs detta, menar man, genom det stora trycket och den extremt höga temperaturen. Det behövs alltså en temperatur på 10^8C, alltså 100 miljoner grader. Vilket inget material kan tåla utan det behövs ett magnetfält som processen kan utvecklas i. Och detta har alltså efter 60 år som vi sett ännu inte lyckats! Grundtanken är alltså att solkraften endast kan tämjas genom ett oerhört våld! Det är deras syn på naturen: pang bom krasch!! är det som gäller. Det finns alltså inget vetenskapligt eller experimentellt stöd för att "(d)etta första steg" ska fungera. Sextio år av fruktlösa försök och slöseri med tid och resurser talar för detta. Att det skulle ske på solen är bara en gissning och dålig hypotes.Vilket inget material kan tåla utan det behövs ett magnetfält som processen kan utvecklas i. Och detta har alltså efter 60 år som vi sett ännu inte lyckats! Grundtanken är alltså att solkraften endast kan tämjas genom ett oerhört våld! Det är deras syn på naturen: pang bom krasch!! är det som gäller. Det finns alltså inget vetenskapligt eller experimentellt stöd för att "(d)etta första steg" ska fungera. Sextio år av fruktlösa försök och slöseri med tid och resurser talar för detta. Att det skulle ske på solen är bara en gissning och dålig hypotes.

What is urgently needed is not a refined mathematical treatment (...) but a rough analysis of the basic phenomena. (Alfvén).

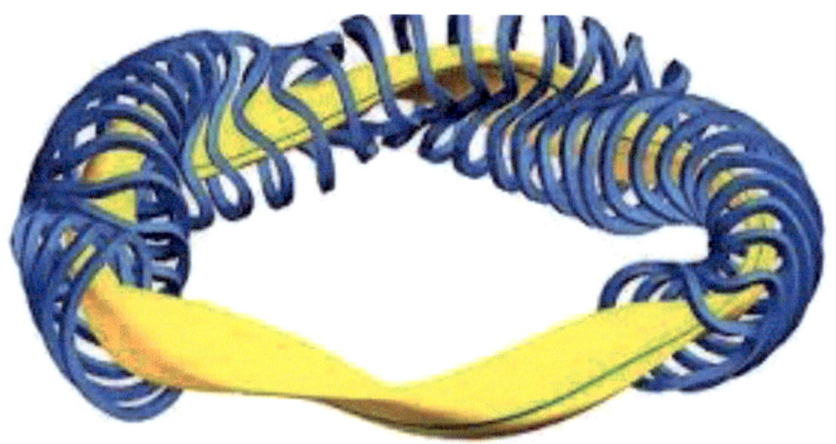

The plasma – *like a naughty child – refues to obey.*

The progress which has been achieved is much less than was originally expected. The reason may be that from the point of view of the traditional theoretical physicist, a plasma looks immensely complicated. We may express this by saying that when, by an immense number of vectors and tensors and integral equations, theoreticians have prescribed what a plasma **must** do, the plasma – *like a naughty child – refues to obey.* The reason is either that the plasma is so silly that it does not understand the sophisticated mathematics, or it is that the plasma is so clever that it finds other ways of behaving, ways which the theoreticians were not clever enough to anticipate. Perhaps the noise generation is one of the nasty tricks the plasma uses in its IQ competition with the theoretical physicists". /.../What is urgently needed is not a refined mathematical treatment (...) but a rough analysis of the basic phenomena. (Hannes Alfvén) Min kurs.

Vi ser alltså att i både det gängse fallet och detta eftersträvas att deuterium bildas. I deras fall efter att protonerna övervunnit Coulomb-barriären, pressats ihop av tryck och temperatur och trots att en tunneleffekt kan ernås så vill det till. "Detta första steg är extremt långsamt".

Och tur är väl det, annars hade solen brunnit upp på mycket kort tid. Så då måste vi fråga oss vad detta betyder för vår föreslagna process. Ja, är den tillräckligt långsam? Vad skulle göra den långsam överhuvudtaget? Vilket alltså är nödvändigt. Låt oss betrakta reaktionen (3) än en gång:

$$p^+ + e^- + \gamma \text{ ---> } n + ve \text{ .....(3)}$$

Och konstatera att den ur gängse synpunkt är svårt att få att gå i hop. Vi vet ju att en proton är sammansatt av tre neutriner, varav en är en anti-neutrino, en neutron (n) av dessa neutriner plus två kopplade fotoner, en W--partikel faktiskt. En foton (γ) ser vi ingår i formeln, men var är den andra fotonen? Jo, den finns som *en av komponenterna av elektronen*. Tas denna bort, vad återstår? Jo, en *neutrino*! (Just det, en neutrino och inte en anti-neutrino). Formeln stämmer alltså. Men varför är reaktionen så långsam? Mycket enkelt, det gäller att en foton av exakt storlek på energin är närvarande plus att detta inträffar då de två övriga också är det. Dessa möten torde vara sällsynta. Men ändå gör det det, annars skulle ju inte solen lysa och brinna i dag! Eller hur?

Sammanfattningsvis och avslutningsvis

En kärnfysiker är troligen med på att min syn på coulomb-krafterna kan innefattas i den gängse kvantmekaniken men endast efter en glidande skala. Min övertygelse är att dessa krafter och denna påverkan de gör är att betrakta som ett kvant-fenomen – coulomb-krafterna är på eller av. Noll eller ett, plus eller minus. Och det är under detta korta moment de är av, de är noll, som fusionen kan ske. Hur kort det än är, så är det endast en teknisk fråga och en fråga om precision att utnyttja den tid som finns till förfogande. Fusionsprocessen blir som sagt till viss del på så sätt både *självstyrande och självreglerande!* Detta tack vare attraherande coulomb-krafter! En teknik som med känsla och precision dock måste utvecklas till en slags konst.

Observera detta: Processen kan endast bli framgångsrik: Om och återigen: om man *vet vad man sysslar med* (vilket definitionsmässigt inte en "statistisk" kvant-mekaniker gör) ty då först kan processen styras och regleras på ett tillräckligt bra sätt. Vilket alltså är helt och fullt möjligt i dag, till skillnad från för 30-40-50 år sedan. Varför inte förr? Jo. Idag finns den tillräckliga datorkraften och den nödvändiga tekniken överhuvudtaget. Men alltså inte i går. Jag vill återigen betona detta. Förr fanns inte den nödvändiga precisionen. Och möjligheten. Men nu. Det gäller att upptäcka och inse detta nya."

Om denna nya teori gäller är alltså lösningen tämligen trivial. Men eftersom den kärnfysiker vi här har att göra med tydligen inte upptäckt, insett eller förstått "detta nya", och denna möjliga konst och eftersom han nu inte har hört av sig på så länge, så går jag nu vidare. I stället framhärdar han, frångår sina tidigare idéer och teorier om katalys med hjälp av elektroner för att återigen stöda, förfalla till, den gamla Tokamak-tekniken.

En vanlig invändning mot reak. (1) är att den inte fungerar. Men det gäller då enbart protoner och elektroner medverkar i s k elektron-infångning. Dessutom att den kräver tillgång till hög energi. Men det är just vad som förutsätts och som finns i Solens centrala delar. Om energin blir ännu högre, som i stjärnor något större än Solen, så får vi de s k netron-stjärnorna. En stjärna av enbart neutroner. Processen fungerar alltså bevisligen men kräver som sagt tillgång till gamma-fotoner med energier på exakt den nivå som de närvarande elektronerna har.

För ordningens skull så krävs för full förståelse den kaosteori som saknades så sent som på tidigt 1960-tal. Dess plats i sammanhanget är utvecklad i de skrifter som tidigare hänvisats till.

Nyckelorden är således kunskap, teknik och konst. Efter decennier av misslyckande trots miljarder av dollar, rubel och euro, enorma närmast obegränsade tekniska resurser och tusen sinom tusen av forskare så torde det vara uppenbart att det de saknar så är det erforderlig kunskap. Därför förmår de inte tillämpa och utveckla den teknik som behövs för att få det att fungera; och allra minst kunna utveckla det hela till en konst.

Hur fusionsprocessen antas fungera

Låt oss nu närmare studera min teori om hur själva fusions-processen går till. Särskilt vid det område (C) den blå pilen pekar på (se nedan).

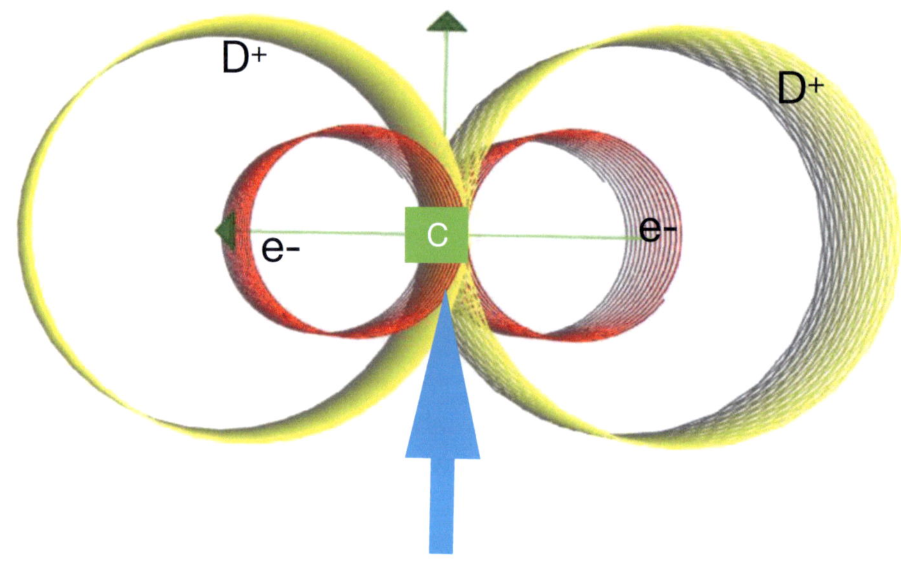

De gula cirklarna är som sagt deuteroner (D^+) i ett kretslopp i samma riktning och de röda elektroner (e^-) också i samma riktning. Alla strålar fokuseras som vi ser i samma område, alltså vid C, där fusionen antas ske.

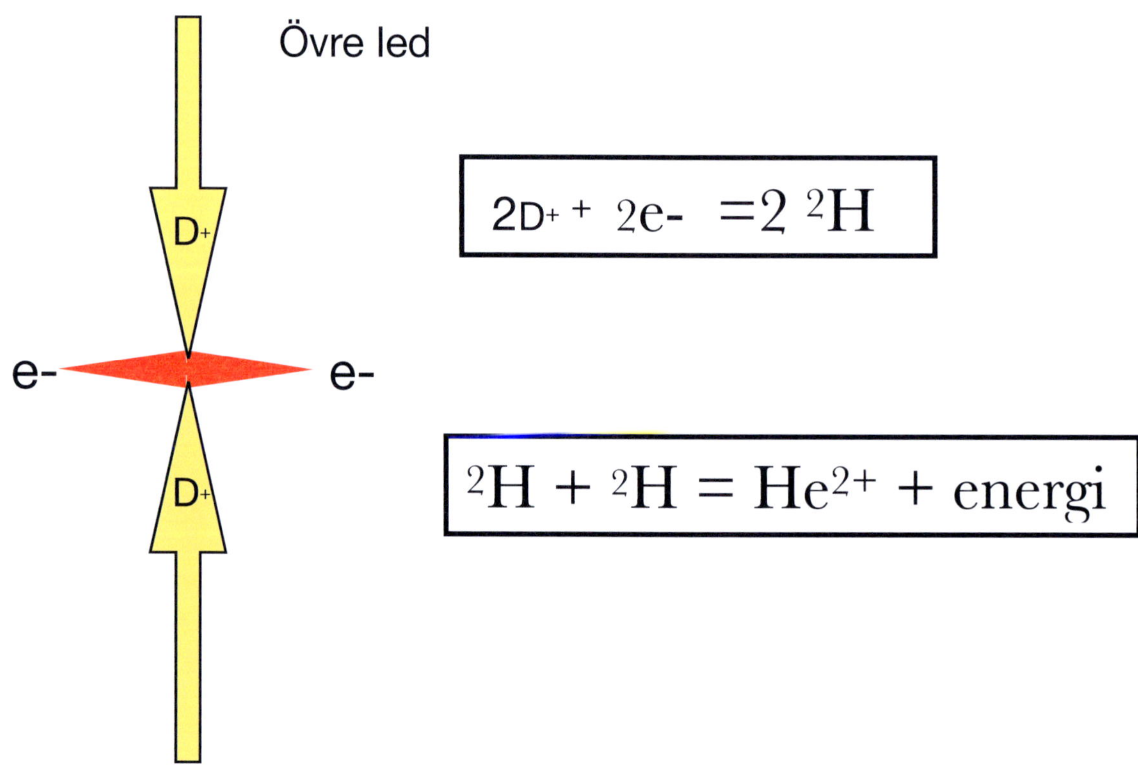

$$2D^+ + 2e^- = 2\ {}^2H$$

$$^2H + {}^2H = He^{2+} + \text{energi}$$

Reaktionen på sid. 18 kan se lite underlig ut, men är motsvarigheten till proton-proton-reaktionen:

> Första steget innebär fusion av två vätekärnor 1H (p^+ = proton) till deuterium (D), vilket frigör en positron och en neutrino eftersom en proton blir en neutron.[6]
>
> $$p^+ + p^+ \rightarrow {}^2D + e^+ + \nu_e + 0{,}42 \text{ MeV}$$
>
> Detta första steg är extremt långsamt, både eftersom protonerna måste tunnla genom Coulombbarriären och eftersom det beror på svag växelverkan. Positronen annihileras omedelbart med en elektron och deras massenergi förs iväg av två gamma-fotoner.

Skillnaden är alltså att här ovan antas två vätekärnor, dvs *två positivt laddade protoner* (p^+) slå sig ihop – fusionerar – och bildar deuterium (^2D), dvs tungt väte H.[7] I denna reaktion antas alltså en proton omvandlas till en neutron – *en proton blir en neutron* – som man påstår och skriver i citatet ovan.

> Generellt sett kan proton-protonfusion endast ske om temperaturen (den kinetiska energin) hos protonerna är hög nog för att övervinna deras ömsesidiga krafter skapade av Coulombs lag. (Wikipedia).

Detta menar jag är en helt obevisad reaktion. Enligt min teori så omvandlas inga protoner till neutroner. Vad som händer i min ovan beskrivna reaaktion är att en deuteron (D^+) neutraliseras av en elektron (e^-) och bildar deuterium (^2H eller D), dvs tungt väte H i ett första steg. Detta sker i det *övre* ledet. Samma sker så exakt samtidigt i det undre. För ett mycket kort moment, under stor kraft, krockar de två deuterium-partiklarna, det tunga vätet, och tack vare deras neutrala status kan de så fusioneras och övervinna Coulombbarriären. Eller rättare sagt: *Coulombbarriären upphör att existera.*

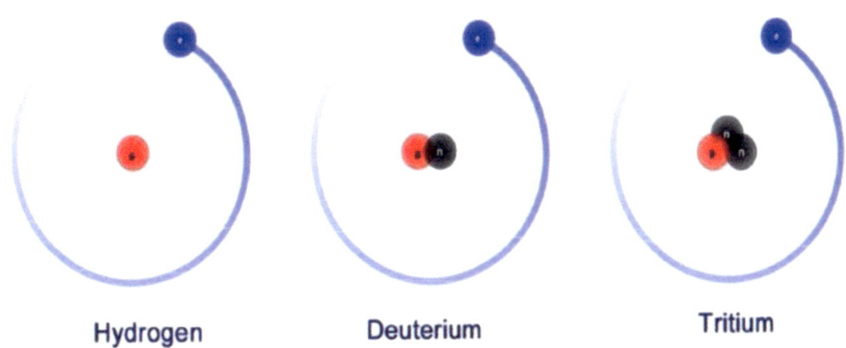

Så här ser den gängse fysiken på modeller av partiklar i den subatomära världen. Om detta vore sant skulle min syn på fusions-processer inte fungera. Deras teorier om kvarkar, om vad ljuskvanta är, atomära planetmodeller, tunnling mm. hindrar överhuvudtaget all förståelse för hur fusionsprocesser går till.

Inget i fysikens grunder motsäger att detta inträffar med denna reaktion. En invändning är förstås att det ska mycket till innan detta inträffar. Men att detta steg *är extremt sällsynt*, är ju en av poängerna med reaktionen ifråga. Annars skulle solen ha exploderat för länge sedan.

Ok, men nu gäller det verkligen att hänga med: Solens s a s naturliga fusions-processer som har nämnts är som sagts ytterst sällsynta, vilket gör att solen och andra stjärnor kan brinna i miljarder år. Med ett snabbt förlopp hade de annars exploderat. Men här på Jorden, med hjälp av datorer och

---

[6] Där p^+ är en positivt laddad proton, e^- är en negativ elektron, *n* en neutral neutron och ν_e (grekiska ny) en elektron-neutrino, också elektriskt neutral.

[7] **Deuterium**, av grekiska deuteros ("den andre"), vanligen kallat tungt väte, är en stabil isotop av väte, där atomkärnan innehåller en neutron, utöver den proton som kännetecknar den vanliga väteisotopen protium. **Deuterium** utgör 0,0156 procent av vätet på jorden. Isotopen betecknas ^2H eller D. (Wikipedia)

lämpliga själv-lärande program kan mötet mellan de ingående reagens-partiklarna tämligen lätt och effektivt styras och regleras. De ingår ju i styr- och reglerbara elektriska och magnetiska kretsar, något många tekniker med lätthet kan beräkna. Och då de ju vet vad som bör hända, hur de bästa betingelserna för en framgångsrik process kan åstadkommas, kan allt fungera tämligen ofta och effektivt. Detta till skillnad mot de gängse skolade "moderna" fysikerna och teknikerna på Cern, Cadarache i Frankrike, fusionsanläggningen Lawrence Livermore National Laboratory i USA m.fl. experimentanläggningar, som är vilseledda av kvarkar, gluoner, tunneleffekter, s k starka och svaga krafter, planetära modeller av de ingående reagenserna likt grafiken ovan etc.

På fusionsanläggningen i USA har de på sätt och vis insett att processen kan och bör styras, vilket de gör med några slags hög-energetiska laser-fotoner. Men då de har de mesta om bakfoten om hur de ingående reagenserna enligt ovan är funtade, så har de trots långvariga och ingående försök inte lyckats få den önskvärda effektiviteten på metoden. Såklart, då metodens bärande idé är att med hjälp av kraftiga fotoner fösa ihop deuterium och eller tritium med extremt stor kraft eller för att åstadkomma ett extremt högt tryck. Stort kontrollerat våld är alltså den bärande idéen. Tokamak-metodens bärande idé, den som tillämpas i Cadarache, är som vi redan sett en extremt hög temperatur, över 100 miljoner grader.

Varianter av mina förslag till reaktioner är att tritium användes eller antas bildas vid reaktionen, men även andra partiklar som kan vara lämpliga. Men principen måste hela tiden vara densamma, dvs att Coulombbarriären kan övervinnas eller "oskadliggöras" genom att elektroner, på det ena eller det andra sättet, får neutralisera laddade partiklar – eller få dem att attraheras. Man kan alltså tänka sig att endast en av partiklarna, en D neutraliseras medan den andra är laddad. Eller att en får ett *överskott* av laddning varvid partiklarna från att vara *neutrala eller repellerande blir attraherande.* Troligen är det också sådana reaktioner som oftast inträffar i verkligheten. Alla är de former av *katalys.*[8] En del skulle kanske betrakta reaktionerna som exempel på *emergens.*[9]

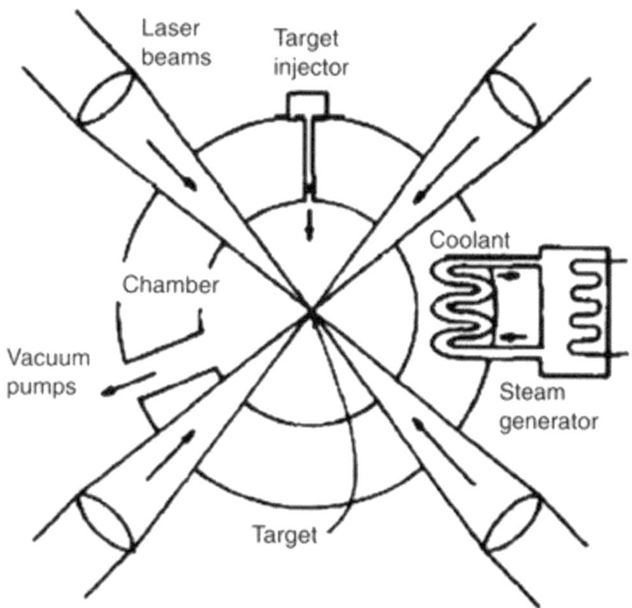

På fusionsanläggningen Lawrence Livermore National Laboratory i USA har de på sätt och vis insett att processen kan och bör styras, vilket de gör med några slags hög-energetiska laser-kanoner. (Se skissen intill). De tror att det brutala våldet ska göra susen. (Precis som TOKAMAK-anhängarna).

Men då de har de mesta om bakfoten om hur de ingående reagenserna enligt ovan egentligen är funtade, så har de trots ytterst dyrbara, långvariga och ingående försök inte lyckats få den önskvärda effektiviteten på metoden. Och trots – enligt egna uppgifter – ett tryck på "More than 350 billion atmospheres."

Kommer de någonsin att förstå innebörden i Hannes Alfvéns ord: *What is urgently needed is not a refined mathematical treatment (...) but a rough analysis of the basic phenomena.*

Eller måste Floden ta oss först?

[8] Katalys (av grekiska κατάλυσις, katálysis "upplösning") är den inverkan som en katalysator har på en kemisk reaktion. Begreppet valdes 1835 av Jöns Jacob Berzelius i analogi till "analys". Som "katalysator" betecknar man substanser som underlättar kemiska eller fysikaliska förändringsprocesser utan att tillföra energi till processen. Katalysatorn förbrukas inte under processen utan finns kvar oförändrad och kan fortsätta att verka, därför behövs ofta en mycket liten mängd katalysator. Katalysatorer av varjehanda slag förekommer i en mängd olika organiska och oorganiska sammanhang. Enzymer, som reglerar cellers funktioner och därmed de fundamentala livsprocesserna, är exempel på biologiskt viktiga katalysatorer. (Wikipedia)

[9] Begreppet emergens, betyder att "helheten är större än summan av delarna".

Alltså:
Tre olika konstruktioner, tre olika teorier

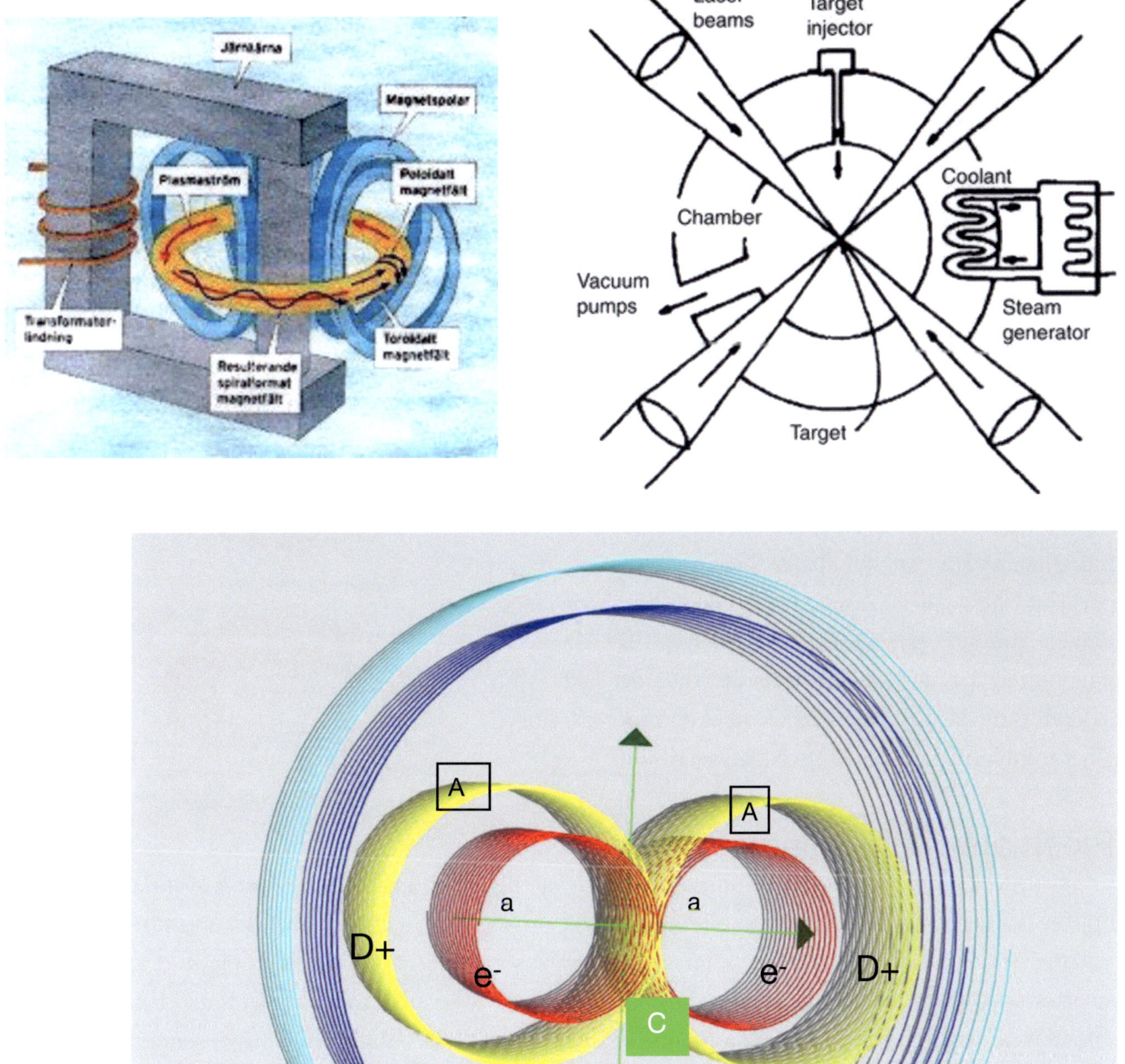

Vilken är den mest avancerade teoribildningen, den mest trovärdiga?

SAMMANFATTNING AV DET VIKTIGASTE:

De gängse metoderna har som grundtanke att deuterium, tritium etc med stort våld måste pressas och stötas ihop. Enligt TOKAMAK-metoden krävs mycket hög temperatur, över 100 miljoner grader C. Detta i sin tur utesluter en inneslutning av reaktionsprocessen av vanligt materia; det krävs något slag av icke-materiell sådan – det krävs en s k magnetisk inneslutning.

(Från WIKIPEDIA).

Tokamak med Toroidal inneslutning

Tokamaken åtföljs av stellaratorns design, en annan toroidal magnetisk inneslutningsanordning, som har en diskret,ofta femfaldig rotationssymmetri. Denna form tar hänsyn till plasmats hydrodynamik, så att alla de inneslutande magnetfälten produceras av externa spolar, som inte kräver att någon hög ström induceras i plasmat för att hålla det i önskad form. Den är å andra sidan mer utmanande i sin konstruktion.

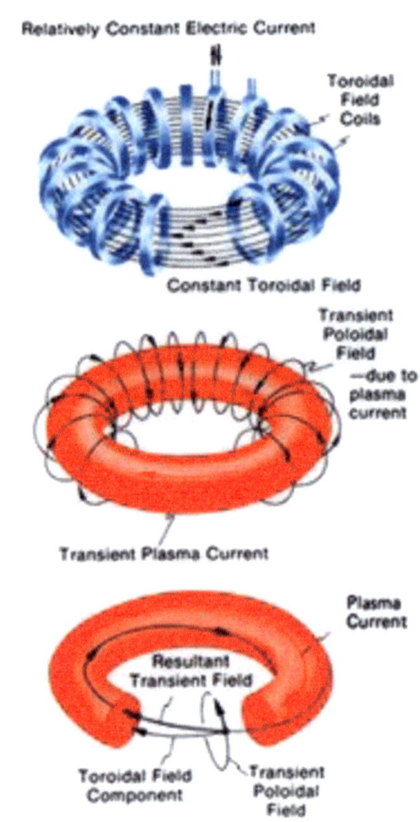

Joner och elektroner i centrum av ett fusionsplasma har mycket höga temperaturer, vilket innebär motsvarande stora hastigheter. För att bibehålla fusionsprocessen, måste partiklar från det heta plasmat hållas i den centrala regionen, annars kommer plasmat snabbt att kylas av. Magnetisk inneslutning i fusionsanläggningar utnyttjar det faktum att laddade partiklar i ett magnetfält känner en Lorentzkraft och följer spiralformiga banor längs fältlinjerna.

Plasmats upphettning

I en idrifttagen fusionsreaktor kommer en del av den alstrade energin att användas för att upprätthålla plasmatemperaturen, när nytt deuterium och tritium förs in. Vid uppstarten av en reaktor, antingen från början eller efter en tillfällig avstängning, kommer dock plasmat att behöva värmas upp till sin arbetstemperatur på mer än 10 keV (över 100 miljoner Celsius). I nuvarande tokamaker och andra magnetiska fusionsexperiment, bildas otillräcklig fusionsenergi för att upprätthålla plasmats temperatur, trots att många olika metoder har prövats. (Från WIKIPEDIA).

Den nya metoden:

En *datorstyrd, noggrant reglerad katalytisk fusionsprocess* gör att arbetstemperaturen kan ske på en hanterbar nivå då någon magnetisk innelutning eller dylikt inte är nödvändig. En arbetstemperatur (enligt TOKAMAK-principen) på 100 miljoner grader behövs inte, nu räcker det med vanligt keramisk material som endast behöver tåla kanske 1000 grader.

***

Post Scriptum

Världen gör av med nästan dubbelt så mycket energi nu som för 40 år sedan. Den nya energin produceras till allra största del genom förbränning av fossila bränslen som kol, olja och naturgas – vilket spär på växthuseffekten. Inget trendbrott finns i sikte. 87,1% av energin i världen kom från fossila bränslen 2017.

Det gör att andelen koldioxid i luften fortsätter att öka, och är nu högre än på 800.000 år. Eftersom koldioxid är en viktig växthusgas skyndar höga halter på jordens uppvärmning. Ingen vändning finns i sikte.

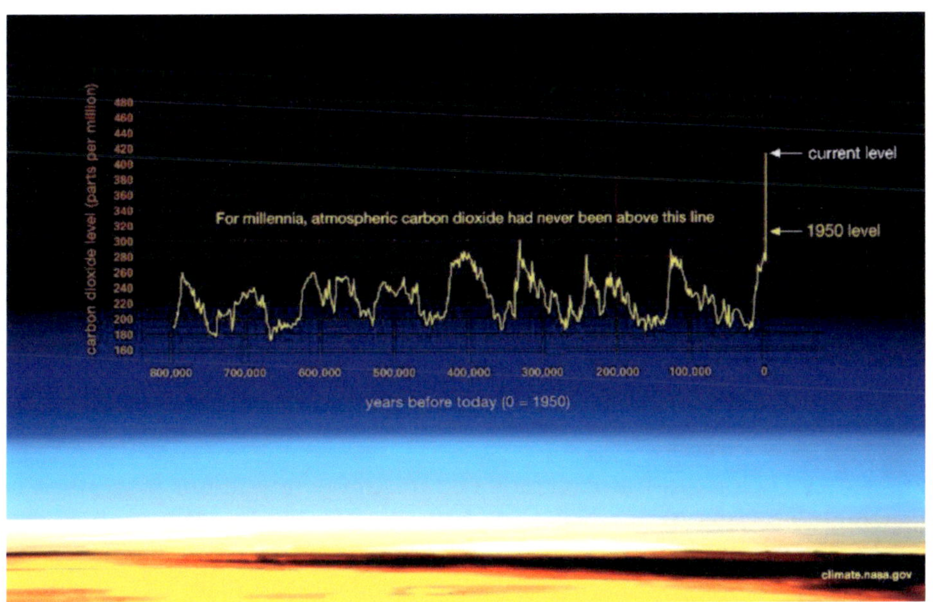

Jorden blir allt varmare, vilket får stora konsekvenser för livet på planeten. I Parisavtalet kom världens länder överens om att försöka begränsa den globala temperaturökningen till långt under 2 grader, helst som mest 1,5 grader (jämfört med mitten av 1800-talet). Men uppvärmningen fortsätter och just nu finns inget trendbrott i sikte.[1]

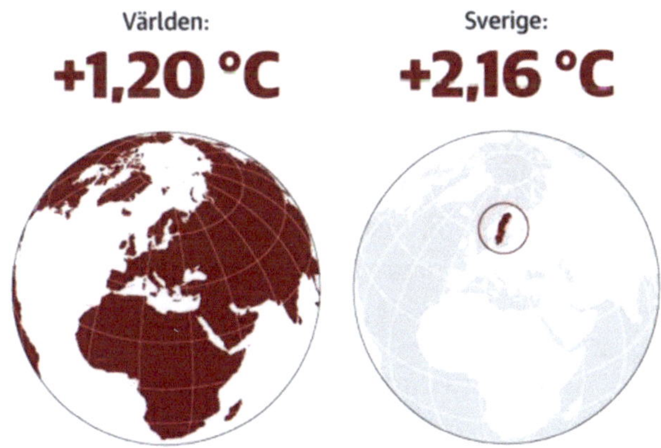

Så mycket har temperaturen redan ökat

Temperatur 2018 jämfört med förindustriell tid (åren 1880–1899). Uppvärmningen går fortare närmare polerna – därför har temperaturen i Sverige ökat mer än världen som helhet.

[1] Faktauppgifter och viss text från NASA och DN 4 dec. 2019

De gigantiska isarna vid polerna smälter. De senaste decennierna har havsisen i Arktis krympt märkbart. Det gör att jorden värms upp ännu snabbare – och kan skjuta världen över en ”tipping point”.

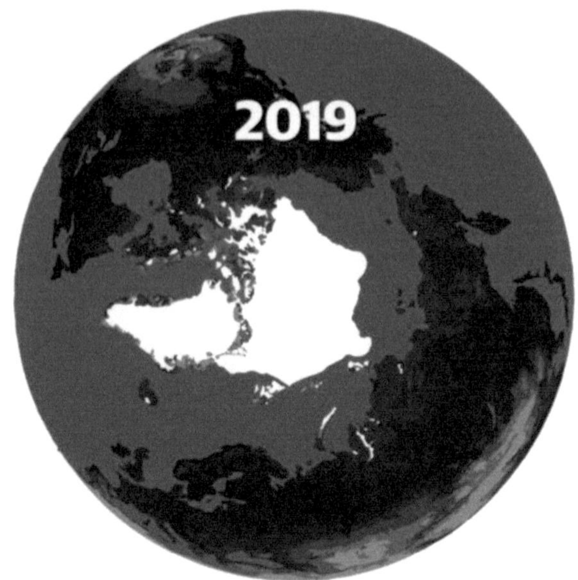

Sedan 1979 har havsisen i Arktis blivit −41% mindre

De oerhörda mängder icke koldioxid-framkallande elkraft som behövs, finns helt enkelt inte. Och de som idag drömmer om att kärnkraft är svaret, har inte förstått de allvarliga problem som vidlåder denna kraftkälla. Men varför inte fusions-kraft då? Det borde ju vara den perfekta lösningen. Som redan har sagts i denna skrift, så finns denna lösning. Men då måste de hinder som finns i grunden övervinnas. Detta tar dock lång tid.

Enda praktiska lösningen är att ett modigt fåtal bygger en prototyp som fungerar. Och dessa efterlyses nu. Kostnaderna i form av kapital och materiella resurser är inte oöverkomliga, den mesta kostnader torde vara i form av utbildad personal, fysiker och tekniker.

Om inte annat så kan ett sådant projekt ses som en förberedelse för en annan och ny tid. En tid då the ”tipping point” har passerats. Och då vår värld och Jord är i en annan och kanske bättre balans än nu. En annan och bättre tid då noll procent av vårt elbehov kommer från olja, kol, naturgas och kärnkraft och 100% från fusionskraft och andra förnybara källor.

Men om nu the tipping point passeras, finns då överhuvudtaget något kvar av mänskligt värde? Finns verkligen “en annan och ny tid” att räkna med? Det är frågan.

Åke Hedberg,
Kiruna, Sweden
i december 2019

Kontakt:
Åke Hedberg

Kengisgatan 32 E
98133 Kiruna
Sweden

akehedberg2015@gmail.com

Förlag: BoD - Books on Demand, Stockholm, Sverige
Tryck: BoD - Books on Demand, Norderstedt, Tyskland
ISBN: 978-91-8027-040-3